AF388812

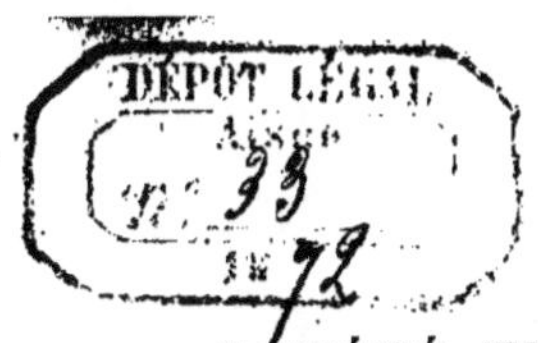

SOCIÉTÉ INDUSTRIELLE DE SAINT-QUENTIN
ET DE L'AISNE

—

M. Hector BASQUIN, Président

—

(Extrait du Bulletin de la Société)

—

RAPPORT

PRÉSENTÉ

PAR LA COMMISSION CHARGÉE D'EXAMINER ET D'ÉTUDIER

LA PRESSE CONTINUE

DE M. EUGÈNE LEBÉE

Construite par MM. MARIOLLE Frères, à St-Quentin

SAINT-QUENTIN
IMPRIMERIE JULES MOUREAU, 7, GRAND'PLACE
—
1872

RAPPORT

PRÉSENTÉ

PAR LA COMMISSION CHARGÉE D'EXAMINER
ET D'ÉTUDIER

LA PRESSE CONTINUE

DE M. EUGÈNE LEBÉE

Construite par MM. Mariolle frères, à Saint-Quentin

**fonctionnant dans la fabrique de sucre de M. Quéquignon
à Grugies.**

MEMBRES DE LA COMMISSION :

MM. Georges d'Hargival, Président du Comité, fabricant de
sucre.

Quéquignon, fabricant de sucre.

Rousseau Léon, ingénieur, fabricant de sucre.

Briquet Victor, fabricant de sucre.

Schreiber, constructeur-mécanicien.

Grare-Carrois, constructeur-mécanicien.
Messian, ingénieur.

Vivien, chimiste du Cercle des fabricants de sucre de
l'Aisne.

Dusanter, chimiste-expert, membre du Conseil d'Hygiène
de l'arrondissement, Rapporteur.

Messieurs,

Principe.

Le principe de la presse de M. Lebée est le même que celui décrit par Pecqueur, dans son brevet du 10 juin 1836.

La pulpe continuellement foulée par une pompe perd d'abord une certaine portion du jus qu'elle renferme par suite de sa compression énergique sous 2 à 4 atmosphères sur les parois perméables de deux cylindres animés d'un mouvement uniforme de rotation et entre lesquels elle passe ensuite lentement, ce qui achève de l'épuiser.

Mais il y a bien loin du mode de construction de la presse Pecqueur à celle de M. Lebée et les heureuses recherches de ce dernier apportent aujourd'hui à l'industrie sucrière un outil entièrement nouveau.

Construction.

Chaque cylindre présente l'aspect d'un cylindre creux dont la surface est percée d'une quantité considérable de fenêtres rectangulaires ayant 15^{mm} sur 50^{mm}. De quatre en quatre, les nervures disposées suivant les génératrices du cylindre sont de dimensions plus fortes ; elles portent une rainure rectangulaire dans toute leur longueur, où l'on fixe, au moyen de vis, une baguette en fer qui dépasse la surface du cylindre de 4^{mm}. Sur cette baguette en fer on en visse une autre en bronze d'une largeur plus grande que la première (14^{mm}). Cette baguette en bronze vient par sa saillie sur la baguette en fer recouvrir les talons des petites lames de cuivre avec lequel elle forme une surface cylindrique unie. Ces lames de cuivre placées de champ les unes contre les autres forment la surface filtrante. Chacune d'elles a $1^{mm}5$ d'épaisseur sur une longueur de $89^{mm}5$ et se compose d'une partie en arc de cercle portant cinq pieds : les extrémités échancrées constituent les talons.

L'intervalle entre les extrémités de chaque lame est fermé par la baguette de bronze comme par un verrou de 14^{mm}.

En résumé la surface filtrante peut être considérée comme composée d'une série de lames de $1^{mm}5$ d'épaisseur juxtaposées de façon à laisser un faible intervalle entre chacune d'elles. Cet intervalle est constitué comme suit : chaque lame vue de champ et en coupe présente un côté rectiligne et un autre curviligne, elle est donc plus épaisse dans le haut que dans le bas et affecte en quelque sorte la forme d'une cornière ; chacun des pieds occupe toute la hauteur de la lame et est plus épais de un dixième 1/2 de millimètre que la plus grande épaisseur de la lame, mais cette épaisseur peut varier suivant la nature de la betterave.

Les pieds qui représentent les nervures des lames n'existent en relief que du côté curviligne et viennent s'appuyer fortement sur le côté rectiligne de la lame voisine.

On a donc entre chaque lame un interstice qui va en s'agrandissant de la circonférence au centre.

Les jus qui pénétrent par ces interstices trouvent de suite un écoulement, et n'ont pas à lutter contre la force de capillarité ainsi que cela arriverait sans cette ingénieuse disposition.

Enfin les lames sont soudées par leurs extrémités en paquets de dix ; en cas d'accident on retire les paquets endommagés et on les remplace immédiatement par d'autres, on a ainsi toujours le même nombre de lames sur le cylindre c'est-à-dire environ 4,600.

La distance qui existe entre les lames peut varier depuis un dixième de millimètre jusqu'à un dixième et demi, ce qui donne une surface filtrante pour chaque cylindre, dans le premier cas, de 331,2 centimètres carrés, et pour le second, de

490,8 centimètres carrés, cette surface correspond à celle d'un cercle ayant, pour le 1ᵉʳ cas, vingt centimètres de diamètre, et pour le 2ᵉ cas, vingt-cinq centimètres de diamètre.

Telle est la surface filtrante.

Mécanique.

Les arbres des cylindres sont portés à leurs extrémités par des coussinets en bronze mobiles dans leurs paliers et dans le sens de la ligne des centres ; chaque palier porte une vis qui vient appuyer sur une plaque en acier posée sur l'un des côtés du coussinet ; à l'aide de ces vis, on peut régler la distance des cylindres à volonté.

Le plan des axes des cylindres est incliné à 45° sur l'horizontale: il s'en suit que ces cylindres horizontaux sont légèrement superposés l'un à l'autre.

Ces cylindres sont à moitié enfermés dans une bache en fonte qui épouse la forme des deux demi-cylindres d'une façon sensiblement concentrique aux cylindres filtrants. Entre la bache et les cylindres se trouve un vide de 25 millimètres sur toute la longueur, et de 35 au point de rencontre des deux surfaces.

Deux tuyaux amènent la pulpe non pressée dans ces espaces annulaires, l'un à la partie supérieure, l'autre à la partie inférieure de la bache, sous une pression d'autant plus forte que l'on veut avoir une pulpe plus sèche, sans toutefois que cette pression cesse d'être en rapport avec la surface filtrante.

Pour éviter le crachement latéral de la pulpe ou du jus, la bache est hermétiquement close par deux sortes de joints qui s'appliquent, l'un sur les extrémités du cylindre, l'autre suivant toute leur longueur ; ces joints sont faits de la manière suivante :

Joints.

Un cuir est fixé au bâti au moyen d'une réglette en fer et de vis; ce cuir se recourbe à l'intérieur de la bache et s'appuie suivant une génératrice du cylindre. Plus la pression est forte dans la bache, plus ce cuir est fortement appliqué sur le cylindre ; l'autre joint demi-circulaire se fait contre un anneau en bronze fixé aux extrémités de chaque cylindre. A cet effet, le bâti porte en face des extrémités de chaque cylindre une rainure qui reçoit une pièce de bronze ayant la forme d'un segment ; un cuir est fixé sur le segment au moyen d'une baguette et de rivets, sur sa périphérie il porte trois talons formant des vides qui permettent au jus comprimé de pénétrer entre le cuir et le segment, de telle sorte que la partie métallique du segment se trouve appuyée par la pression sur l'anneau en bronze qui termine le cylindre, et le cuir sur le bâti : on a donc là encore un joint hydraulique, simple et solide, et offrant une résistance de frottement qui n'est que proportionnelle à la pression.

Couteaux.

Deux couteaux en bronze, qui s'appliquent exactement sur la surface de chacun des cylindres et qui arrivent aussi près que possible de la ligne de contact, sont destinés à détacher la pulpe qui reste adhérente aux cylindres.

De chaque côté du bâti de la presse se trouve une pièce de fonte qui est disposée entre les coussinets et les cylindres, elle guide la pulpe et l'empêche de tomber sur les côtés latéraux de la presse. Cette pièce porte les pivots et les écrous qui servent à régler les couteaux.

Le bâti porte de chaque côté, vers la partie inférieure de chaque cylindre, une ouverture mettant en communication l'intérieur des cylindres avec un tuyau destiné à l'écoulement du jus.

Transmission de mouvement.

Le mouvement est donné aux deux cylindres par une série de pignons et de roues dentés dont les dents sont soit obliques, soit en forme de V.

Ces dispositions ont pour but d'éviter les mouvements latéraux des cylindres, et d'empêcher, en grande partie, la trépidation.

Les mouvements sont combinés de façon à donner aux cylindres une vitesse moyenne de 7 tours par minute.

Telle est, sommairement, la construction de cette presse; un ouvrier ordinaire peut facilement la conduire, la démonter et la réparer, elle prend peu de force motrice, et nous a donné les résultats suivants dans les expériences que la Société industrielle nous a fait l'honneur de nous confier le 23 janvier 1872.

Expériences, essais et vérifications.

Il importait de connaître, par rapport au volume du jus et au poids de la betterave, la proportion de pulpe obtenue à l'aide de la presse soumise à notre examen: nous devions aussi examiner la pureté des produits obtenus.

La presse de M. Lebée fut, en conséquence, soumise aux essais suivants :

Pulpe et Jus.

Pendant 45 minutes, la presse Lebée, marchant avec une vitesse de 6 tours en moyenne par minute, nous a fourni 390 kil. de pulpe et 16 hectolitres de jus à 4° 8 de densité.

M. Vivien, qui a bien voulu se charger des recherches analytiques, nous a remis les résultats suivants :

Première analyse.

Composition de un hectolitre du jus ci-dessus (LEBÉE).

Poids de 1 hect	104 k. 85
ou degré densimétrique.	4° 85
Un hectolitre renferme	
Sucre	10 k. 150
Cendres.	0 697
Pectine,albumine, etc.	1 853
Eau	92 150
	104 k. 85

Ce qui donne

Degré de pureté du jus	79,92
Cœfficient salin.	14,56

Deuxième analyse.

100 k. de la pulpe ci--dessus (Lebée), renferment.

Sucre.	7	00
Cendres	1	84
Cellulose, pectose etc, ...	13	06
Eau	78	10
	100	00

La Commission voulant se rendre compte de la quantité du jus que l'on pourrait retirer des pulpes ci-dessus à l'aide d'une nouvelle pression effectuée par une presse hydraulique en usage dans l'usine (1) a fait l'essai suivant :

(1) Ces presses hydrauliques ont des pistons de 25 cent. de diamètre et sont mus par une pompe Trezel ; n'ayant pas de manomètre à notre disposition, nous n'avons pu évaluer leur degré de pression.

75 k. de pulpe provenant de la presse Lebée ont été mis en très-petits sacs de laine et pressés fortement : nous avons obtenu ainsi 15 litres 75 de jus présentant la composition suivante :

Troisième analyse.

Degré densimétrique. 4° 85
Un hectolitre contient :

Sucre	10	500
Cendres	0	684
Pectine, albumine	1	516
Eau	92	150
	104	850
D'où l'on tire. Degré de pureté . . .	82	17
Cœfficient salin	15	35

Quatrième analyse.

La pulpe restant après cette repression contenait pour 100 kil.

Sucre	6	50
Cendres	2	34
Cellulose, etc	18	64
Eau	72	52
	100	00

Pendant le même temps que la Commission faisait son expérience sur la presse Lebée, la fabrique, de son côté, suivait son travail régulier avec la même pulpe non pressée qui alimentait la presse à l'étude. Il nous a donc paru utile à tous points de vue d'examiner la nature des jus et pulpe obtenus dans le même temps et de la même betterave par les procédés ordinaires : les deux analyses qui suivent (5 et 6) doivent être comparées avec les premières (1 et 2).

Cinquième analyse.

Travail par presse hydraulique.
Degré du jus. 4° 80.
Un hectolitre de jus contient :

Sucre.	10	540
Cendres	0	765
Pectine, albumine, etc	1	295
Eau	92	200
	104	800
D'où degré de pureté.	83	64
Cœfficient salin.	13	77

Sixième analyse.

100 k. de pulpe correspondante renferment 7. 5 0/0 de semelles.

Sucre.	10	00
Cendres	2	32
Cellulose , pectose.	10	28
Eau	77	40
	100	00

En comparant les analyses 2 et 6 qui ont rapport à des pulpes prises au même moment du travail on trouve une richesse en sucre pour les pulpes de presse hydraulique plus forte que pour celle des presses Lebée ; cette anomalie est due à la grande proportion de semelles que l'on retrouve dans la pulpe de la presse hydraulique avec toute la richesse saccharine de la betterave. La presse Lebée ayant broyé ces semelles et en ayant extrait le jus, cette pulpe est plus épuisée.

Pour nous rendre compte de la quantité de jus restée dans la pulpe des presses hydrauliques, nous avons pris 75 k. de cette pulpe et nous les avons repressés comme nous l'avions fait pour la pulpe de la presse de M. Lebée et nous avons retiré 14 litres 75 de jus.

Ce jus présentait la composition suivante :

Septième analyse.

Degré du jus 4° 65.
Un hectolitre contient :

Sucre.	9	720
Cendres	0	738
Pectine, etc.	1	792
Eau	92	400
	104	650
Cœfficient de pureté	79	34
Cœfficient salin.	13	17

Huitième analyse.

100 k. de la pulpe correspondante renferment 8 0/0 de semelles.

Sucre.	6	00
Cendres	3	80
Pectose, cellulose, etc	17	70
Eau	72	50
	100	00

M. Quéquignon a fait exécuter sous sa surveillance une série d'expériences destinées à comparer le degré de pression de la presse Lebée avec celui de la presse hydraulique ; il a pour cela pris à diverses époques de la marche de sa rape, 75 k. de chacune des pulpes (Lebée et hydrauliques) et les a fait represser séparément par la même presse hydraulique, les quantités de jus nouvellement extraites donnant une mesure comparative exacte du degré de pression obtenu.

Voici ces résultats :

JOURS	JUS RETIRÉ PAR REPRESSION			
DE LA RAPE.	DES PULPES LEBÉE.	Densité.	DES PULPES HYDRAULIQUES	Densité.
	Litres.			
7ᵉ	8.75	—	8.75	—
8ᵉ	11.00	4.3	11.50	4.4
10ᵉ	11.50	—	14.50	—
1ᵉʳ	12.50	4.2	10.75	4.1
2ᵉ	12.00	4.0	11.25	4.1
3ᵉ	9.50	3.9	9.00	4.2
4ᵉ	11.00	—	12.00	—
1ᵉʳ	9.75	3.9	11.25	4 1
3ᵉ	9.00	3.9	8.00	3.9
4ᵉ	11.17	9.5	9.50	—
6ᵉ	10.50	4.0	13.00	4.0

La Commission, lors de son expérience sur le même sujet, a trouvé jusqu'à 15 litres de jus obtenus par la repression. Mais il faut bien remarquer que la densité de ce jus était de 4°8, c'est-à-dire que nous opérions sur des pulpes provenant de betteraves rapées sans eau, pulpes qui sont infiniment plus difficiles à presser. Malgré quoi, comme nous l'avons vu dans notre expérience, la pression obtenue par la presse Lebée était sensiblement égale à celle des presses hydrauliques en usage dans l'usine.

Dans ces circonstances, et eu égard à l'époque avancée de

l'année, la Commission estime qu'il faut au minimum 110 kil. de betteraves pour avoir un hectolitre de jus, de sorte que la presse de M. Lebée donne pour un travail de 20 heures :

Jus : 427 hect. à 4° 8
Pulpe : 10,400 k. } pour 46,933 k. de betteraves.

Soit 22.20 0/0 de pulpe sans addition d'eau (1).

Pour se rendre compte des résultats de pression que nous avons obtenus plus haut, on peut comparer les analyses de pulpe ci-dessus avec les moyennes suivantes de plusieurs analyses de pulpe prise par M. Vivien dans diverses usines.

	PRESSIONS	
	maximum	minimum
Sucre.	4.50	6.55
Cendres	2.00	1.84
Cellulose, pectose, etc.	19.40	11.91
Eau	74.10	79.70
	100.00	100.00

Avec des jus de 3°7 à 4°0 de densité.

Pureté du Jus.

Un point qui nous a paru devoir être étudié avec

(1) M. Quéquignon, membre de la Commission , nous communique au moment de la lecture du rapport une amélioration importante opérée par M. Lebée dans la marche de la presse que la Commission a examinée à Grugies. Cette amélioration porte sur la vitesse donnée à la pompe Castraise d'injection, vitesse qui est maintenant telle que le plateau moteur de la pompe d'injection, fait sept tours pendant que les cylindres de la presse en font un.

Ce rapport des vitesses de la pompe et des cylindres donne une pression plus complète supérieure au moins de 2 0/0 et une production de jus plus considérable : elle atteint maintenant de 550 à 600 hectolitres au lieu de 420 que nous avions trouvés en 20 heures de travail.

Ces résultats ont été constatés et vérifiés avec soin par M. Quéquignon.

beaucoup de soin, était de constater à quel état de pureté se trouvait le jus, et voir s'il n'y avait pas de pulpe laminée rendue soluble dans le jus.

L'on sait, en effet, aujourd'hui, que la pectose qui représente le ciment qui réunit les cellules de betteraves les unes aux autres peut, sous l'influence de ferments particuliers, se transformer en pectine et acide pectique soluble dans le jus.

Les jus qui contiennent de l'acide pectique donnent un fort mauvais résultat en fabrique. Cet acide se forme d'autant plus facilement que les cellules de betteraves sont plus divisées et surtout plus broyées.

Le degré de pureté des jus est d'autant plus faible que le sucre est dilué dans une dissolution contenant plus d'impuretés : un degré de pureté de 80, par exemple, indique un jus qui contient 80 kil. de sucre et 20 kil. de matières étrangères.

Le cœfficient salin indique le rapport qui existe entre le sucre et les cendres ; un cœfficient salin de 12, par exemple, indique que le poids du sucre est égal à 12 fois celui des cendres. Plus le degré de pureté et le cœfficient salin sont élevés, meilleur est le jus.

Il résulte des analyses citées plus haut, et qu'il est facile de comparer maintenant, que le jus obtenu par la presse Lebée, est sensiblement aussi pur que le jus fourni par la presse hydraulique, et nous n'avons pas encore vu la moindre concrétion de pectine se former dans l'intérieur des cylindres.

Résumé.

La Commission, pour se résumer, est tombée d'accord sur les avantages suivants, qu'elle a reconnus :

1° Suppression de la main-d'œuvre ;

2° Suppression des sacs et claies ;

3° Raccommodage fort simple de la presse ;

4° La faculté de presser sans eau, sans en rien gêner le travail de la presse ;

5° Emploi de peu de force motrice ;

6° Utilisation de l'ancien montage de rape à dents extérieures ;

7° Plus de semelles dans les pulpes ;

8 Aucune altération, la pulpe garde toutes ses facultés nutritives.

Valeur alimentaire de la pulpe.

La Commission appuie sur ce dernier point, qui a été vérifié avec soin par l'un de ses membres ; M. Quéquignon a nourri spécialement une partie de ses moutons avec la pulpe de la presse Lebée, et ces animaux sont devenus l'honneur du troupeau.

M. Quéquignon a l'intention de terminer sa fabrication en se servant uniquement de la presse Lebée, afin de juger du travail séparé du jus.

Saint-Quentin, le 27 janvier 1872.

Le Rapporteur de la Commission,

Er. DUSANTER.

PRESSE CONTINUE

CONSTRUCTION DE MM. MARIOLLE FRÈRES

ST-QUENTIN